中华医学会灾难医学分会科普教育图书

图说灾难逃生自救丛书

海啸

丛书主编　刘中民

分册主编　樊毫军

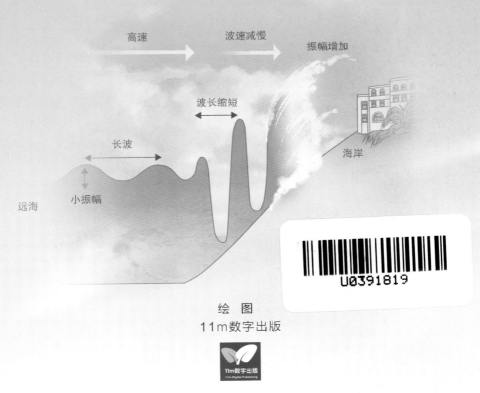

高速　波速减慢　振幅增加

波长缩短

长波

海岸

远海

小振幅

绘　图
11m数字出版

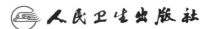

人民卫生出版社

图书在版编目（CIP）数据

海啸 / 樊毫军主编 . —北京：人民卫生出版社，2013
（图说灾难逃生自救丛书）
ISBN 978-7-117-18946-0

Ⅰ. ①海…　Ⅱ. ①樊…　Ⅲ. ①海啸 - 自救互救 - 图解
Ⅳ. ①P731.25-64

中国版本图书馆 CIP 数据核字（2014）第 172431 号

人卫社官网	www.pmph.com	出版物查询，在线购书
人卫医学网	www.ipmph.com	医学考试辅导，医学数据库服务，医学教育资源，大众健康资讯

图说灾难逃生自救丛书
海　啸

主　　编：樊毫军
出版发行：人民卫生出版社（中继线 010-59780011）
地　　址：北京市朝阳区潘家园南里 19 号
邮　　编：100021
E - mail：pmph @ pmph.com
购书热线：010-59787592　010-59787584　010-65264830
印　　刷：北京铭成印刷有限公司
经　　销：新华书店
开　　本：710×1000　1/16　印张：4
字　　数：76 千字
版　　次：2014 年 9 月第 1 版　2019 年 2 月第 1 版第 3 次印刷
标准书号：ISBN 978-7-117-18946-0/R·18947
定　　价：25.00 元
打击盗版举报电话：010-59787491　E-mail：WQ @ pmph.com
（凡属印装质量问题请与本社市场营销中心联系退换）

丛书编委会

王一镗　王立祥　叶泽兵　田军章　刘中民　刘晓华

孙志杨　孙海晨　李树峰　邱泽武　宋凌鲲　张连阳

周荣斌　单学娴　宗建平　赵中辛　赵旭东　侯世科

郭树彬　韩　静　樊毫军

海啸本无情，防灾却有道。

科学在我心，悲剧远身边。

序 一

　　我国地域辽阔，人口众多。地震、洪灾、干旱、台风及泥石流等自然灾难经常发生。随着社会与经济的发展，灾难谱也有所扩大。除了上述自然灾难外，日常生产、生活中的交通事故、火灾、矿难及群体中毒等人为灾难也常有发生。中国已成为继日本和美国之后，世界上第三个自然灾难损失严重的国家。各种重大灾难，都会造成大量人员伤亡和巨大经济损失。可见，灾难离我们并不遥远，甚至可以说，很多灾难就在我们每个人的身边。因此，人人都应全力以赴，为防灾、减灾、救灾作出自己的贡献成为社会发展的必然。

　　灾难医学救援强调和重视"三分提高、七分普及"的原则。当灾难发生时，尤其是在大范围受灾的情况下，往往没有即刻的、足够的救援人员和装备可以依靠，加之专业救援队伍的到来时间会受交通、地域、天气等诸多因素的影响，难以在救援的早期实施有效救助。即使专业救援队伍到达非常迅速，也不如身处现场的人民群众积极科学地自救互救来得及时。

　　为此，中华医学会灾难医学分会一批有志于投身救援知识普及工作的专家，受人民卫生出版社之邀，编写这套《图说灾难逃生自救丛书》，本丛书以言简意赅、通俗易懂、老少咸宜的风格，介绍我国常见灾难的医学救援基本技术和方法，以馈全国读者。希望这套丛书能对我国的防灾、减灾、救灾工作起到促进和推动作用。

刘中民 教授

同济大学附属上海东方医院院长

中华医学会灾难医学分会主任委员

2013 年 4 月 22 日

我国现代灾难医学救援提倡"三七分"的理论：三分救援，七分自救；三分急救，七分预防；三分业务，七分管理；三分战时，七分平时；三分提高，七分普及；三分研究，七分教育。灾难救援强调和重视"三分提高、七分普及"的原则，即要以三分的力量关注灾难医学专业学术水平的提高，以七分的努力向广大群众宣传普及灾难救生知识。以七分普及为基础，让广大民众参与灾难救援，这是灾难医学事业发展之必然。也就是说，灾难现场的人民群众迅速、充分地组织调动起来，在第一时间展开救助，充分发挥其在时间、地点、人力及熟悉周围环境的优越性，在最短时间内因人而异、因地制宜地最大程度保护自己、解救他人，方能有效弥补专业救援队的不足，最大程度减少灾难造成的伤亡和损失。

为做好灾难医学救援的科学普及教育工作，中华医学会灾难医学分会的一批中青年专家，结合自己的专业实践经验编写了这套丛书，我有幸先睹为快。丛书目前共有 15 个分册，分别对我国常见灾难的医学救援方法和技巧做了简要介绍，是一套图文并茂、通俗易懂的灾难自救互救科普丛书，特向全国读者推荐。

王一镗

南京医科大学终身教授

中华医学会灾难医学分会名誉主任委员

2013 年 4 月 22 日

前　言

　　海啸通常由震源在海下 50 千米以内、里氏 6.5 级以上的海底地震引起。此外，海底火山爆发、滑坡、塌陷以及人为的水底核爆，或者是陨石撞击都可能造成海啸。海啸形成的海浪具有巨大的破坏力，所到之处，城镇、村庄瞬间化为汪洋和废墟。

　　遭遇海啸时，如何迅速脱离险境，如何积极、快速、有效地开展自救互救等，这些防灾避灾的基本常识和技能技巧，是面对灾难时避免悲剧发生的根本保障。灾难无情，防灾有道，掌握科学的避灾、自救方法，可以最大程度地减少和避免灾害造成的伤亡和损失。

　　我们精心制作了《图说灾难逃生自救丛书：海啸》分册，希望通过我们的努力，让更多的人掌握逃生避险、自救互救的知识与方法。

　　衷心祝福广大读者平安、健康、幸福！

樊毫军

武警后勤学院附属医院

2014 年 8 月 3 日

目 录

1960年智利大海啸

　　1960 年 5 月 22 日 19 点 11 分，智利西海岸蒙特港附近的海底发生里氏 8.5 级地震，人们还没有从地震的噩梦中惊醒过来，15 分钟后，地震引发的海啸迅速席卷了以蒙特港为中心南北 800 千米的区域。那些掩埋于碎石瓦砾之中没有死亡的人们，却被汹涌而来的海水淹死。几艘大船上，数千人在此避难，但随着大船被巨浪击碎或击沉，人们顿时被波浪全部吞没，无一人幸免。14 小时后，海啸到达了美国的夏威夷群岛，波浪高达 9~10 米，巨浪摧毁了夏威夷岛西岸的防波堤，冲倒了沿堤大量的树木、电线杆、房屋和建筑设施，淹没了大片土地。

　　这次大海啸除智利外，还波及了相当广泛的地区。太平洋东西两岸，如美国夏威夷群岛、日本、俄罗斯、菲律宾以及我国等许多国家和地区都受到了不同程度的影响，有些地区损失十分惨重。智利大海啸影响范围之大，被誉为人类第一大海啸灾难。

认 识 海 啸

　　海啸是一种灾难性的海浪，通常由震源在海下50千米以内、里氏6.5级以上的海底地震引起。水下或沿岸山崩、火山爆发也可能引起海啸。在一次震动之后，震荡波在海面上不断扩大，传播很远的距离，就像卵石掉进浅池里产生的波一样。海啸是一种相对少见的自然灾害，但是破坏力惊人，曾经给世界各国沿海一带的居民带来严重的生命和财产损失。人类历史上，已经数次经历惨绝人寰的海啸大灾难。

  中国最早在汉朝就已有对海啸的记录。公元前47年（即西汉初元二年）和公元173年（东汉熹平二年），我国就记载了莱州湾和山东黄县海啸。这些记载曾被国外学者广泛引用，并认为是世界上最早的两次海啸记载。

  我国古书中记载的海溢、海潮溢、海吼、海唑、海沸等都是指海啸。

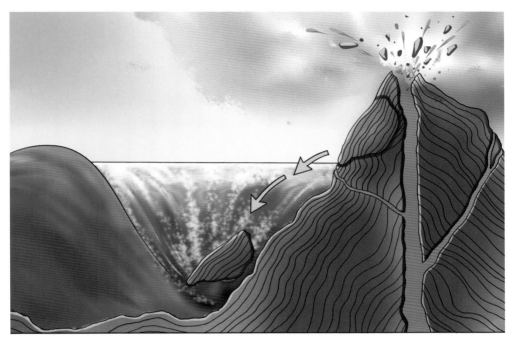

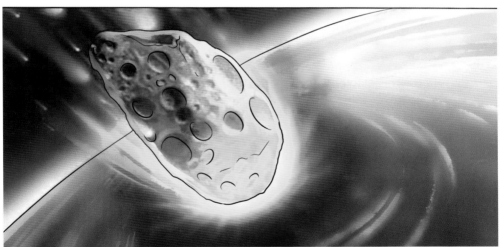

　　海啸可分为四种类型：即由气象变化引起的风暴潮；由火山爆发引起的火山海啸；由海底滑坡引起的滑坡海啸；由海底地震引起的地震海啸。另外，水底核爆、陨石撞击都可以引起海啸。如此众多的海啸中，地震海啸最为多见。

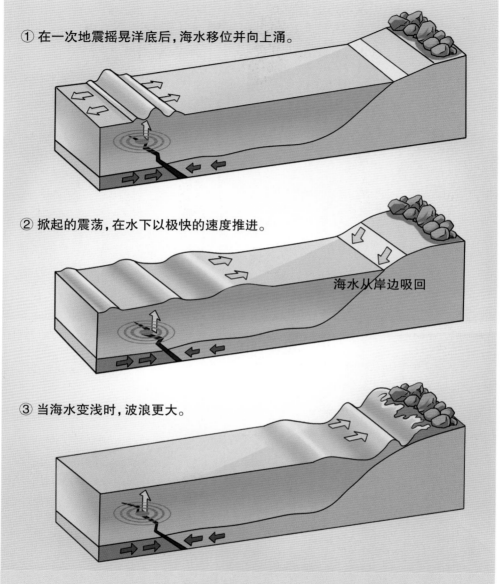

① 在一次地震摇晃洋底后,海水移位并向上涌。

② 掀起的震荡,在水下以极快的速度推进。

海水从岸边吸回

③ 当海水变浅时,波浪更大。

　　海底震动引发海啸。海啸的水体波动是从海底到海面整个水层的起伏。在一次巨大震动之后,震荡波在海水里以不断扩大的圆圈传播到很远的距离。海啸能以每小时 600~1000 千米的高速在毫无阻拦的洋面上驰骋 1 万 ~2 万千米的距离(该速度甚至超过波音 747 飞机的飞行速度),掀起 10~40 米高的拍岸巨浪,吞没所波及的一切,破坏力惊人!

　　海啸所卷起的海涛高度可达十几米至几十米不等，形成极具危害性的"水墙"。因此，如果海啸到达岸边，高能量的"水墙"就会冲上陆地，对人类的生命和财产造成严重威胁。

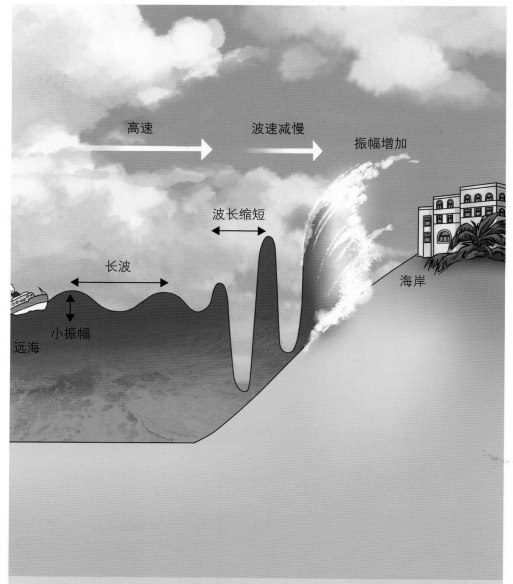

高速　　　　波速减慢

振幅增加

波长缩短

长波

海岸

小振幅

远海

　　海啸虽然破坏力惊人，但有一种非常奇特的现象：那就是船航行在远海中的时候，人是感觉不到海啸的，这是为什么呢？

　　海啸是由海底震动引发的，海波主要沿水平方向大规模运动，只有遇到海底陆地阻挡的时候才会出现海浪。远海当中由于没有陆地阻挡，所以不会产生巨浪。当海啸发生时，越处在远海反而越安全。然而，海啸一旦进入近海岸边的大陆架，在浅水中常会达到灾难性的高度，带来毁灭性破坏。

　　据中国地震局相关资料显示，在 1.5 万次海底地震中，大约只有 100 次能够引起海啸。全球有记载的破坏性海啸大约有 260 次，平均六七年发生一次，其中发生在环太平洋地区的地震海啸就占了约 80%。

　　我国位于太平洋西岸，大陆海岸线长达 1.8 万千米。由于我国大陆沿海受琉球群岛和东南亚诸国阻挡，加之大陆架宽广，越洋海啸进入这一海域后，能量衰减较快，对大陆沿海影响较小，很少有海啸侵袭。

　　但是，一旦我国南海一带海域出现大地震，势必也会给我国部分沿海地区带来海啸威胁。

　　人类虽不能控制海啸的发生,但是可以通过预测、观察来预防和减少海啸所造成的损失。目前,我们已经能够通过地震监测系统预警海啸的发生,从而预防和减轻海啸的危害。

海啸预警的物理基础在于地震波沿地壳传播的速度远比海啸波的传播速度快。所以在远处，地震波要比海啸波早到达数十分钟乃至数小时，可以利用这个"时间差"进行提前预报，而提前的具体时间取决于岸边距离震中的距离以及地震波与海啸波的传播速度。例如，当震中距为1000千米时，地震波大约2.5分钟就可到达，而海啸波则要1个多小时才可到达。

　　1960 年智利特大地震激发的特大海啸中,地震发生 22 小时后海啸才到达日本海岸。科学家们在可能产生海啸的海域中预先布设压强计,一旦发生海底地震,根据实测水深图、海底地形图及海岸地区的地形地貌特征等相关资料,模拟计算海啸到达海岸的时间及强度,就可以及时发出预警警报了。

　　海啸预警已经有了成功的范例。2013年2月6日9时12分，太平洋所罗门群岛东南部的圣克鲁斯群岛发生里氏8.0级地震，震源深度5.8千米。太平洋海啸预警中心在地震后发布海啸预警。

　　遗憾的是，目前海啸预警的成功率还比较低，不足25%，需要进一步提高海啸预警的精准度和速度。

　　发出海啸警报的同时,电视台、电台、无线通信网络等也会基于判断,迅速向民众发出紧急警报、广播、短信息等。

　　地质灾害是重大公共事件,涉及国家安全和社会稳定,信息发布需平、稳、准,不具备发布灾害信息资格的个人或单位不得擅自发布信息,特别是未经证实的虚假信息。

目前的海啸预警对于"远洋海啸"比较有效。但是，对于"近海海啸"，即激发海啸的海底震源离海岸很近，例如只有几十至数百千米的震中距，由于地震波传播速度与海啸波传播速度的差别造成的时间差只有几分钟至几十分钟，海啸早期预警就比较难以奏效。另外，海底的地形太复杂，很难准确测得，所以海啸预警比地震预警还要困难。

海 啸 自 救

　　生活中的细节，往往决定我们的成败，灾难逃生更是如此。如果我们平时注意积累各种逃生知识，灾难来临之际能泰然处之，将有助于逃生自救。地震是海啸最明显的前兆，海啸通常在地震发生数小时后出现，到达离震源数千千米的地方。临海居民感觉到较强的震动时不要靠近海边；在江河入海口的居民听到有关附近地震的警报，要做好预防海啸的准备；注意收听电视和新闻广播中有关海啸的消息。海上船只听到海啸预警后应避免返回港湾，海啸在海港中造成的落差和湍流非常危险。如果有足够的时间，船主在海啸到来前应把船只开到开阔的海面，如果没有时间开出海港，所有人都要撤离停泊在海港里的船只。

　　如果你住在沿海区域或者去海边游玩，就有可能面临着遭遇海啸的危险。那么，我们通过什么来判断是否会发生海啸呢？

　　其实大自然向我们发出了很多清晰的预警信号，认真学习海啸逃生自救知识，没准某天你会用上它。

◉ **海啸发生前的征兆**

（1）**地震是海啸最明显的前兆**：如果你身处沿海区域，当感到地面强烈震动或听到大地不停地发出隆隆的巨大响声时，就要意识到可能会有海啸发生。

（2）海啸登陆时岸边的海水往往会异常增高或降低：这预示着海啸即将来临，海面降低时后退速度会异常快，海水会突然撤退到离沙滩很远的地方，裸露大面积的沙滩，沙滩看起来比平时大很多。

如果发现潮汐突然反常涨落，海平面显著下降或者有巨浪袭来，都应以最快的速度撤离岸边。

（3）**动物出现奇怪的表现**：它们可能突然离开，或聚集成群，或进入通常不会去的地方。

海面上出现大批鱼死亡的现象。

海啸前海水异常退去时往往会把鱼虾等许多海生动物留在浅滩，场面蔚为壮观。此时千万不要前去捡鱼或看热闹，应当迅速离开海岸，向内陆高处转移。

　　（4）海面上出现大量白沫或出现大漩涡：2004 年印尼地震引发的海啸中，当时与父母在普吉岛度假的英国小女孩缇丽斯发现大海出现泡沫后，便立即要求父母和周围的人迅速离开沙滩，使得数百人死里逃生。正是缇丽斯在地理课上学到的关于海啸的常识，挽救了他们的生命。

　　2011 年，日本地震引发海啸期间，在海面出现大漩涡的奇观。海面异动时要警惕海啸的发生。

　　（5）海面怒吼，出现巨浪：一旦海啸进入大陆架，由于深度急剧变浅，波高骤增，可达 20~30 米，这种巨浪可带来毁灭性灾害。

　　海啸来袭之前，海潮先是突然退到离沙滩很远的地方，一段时间之后海水才重新上涨。这是因为大多数情况下，出现海面下落的现象都是因为海啸冲击波的波谷先抵达海岸。波谷就是波浪中最低的部分，它如果先登陆，海面势必下降。同时，海啸冲击波不同于一般的海浪，其波长很长，因此波谷登陆后，要间隔相当一段时间，波峰才能抵达。

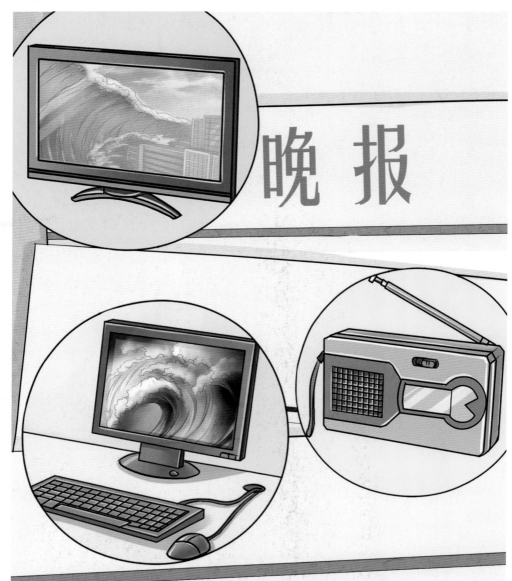

（6）海啸预警系统通过各种媒体发出海啸警报：一定要重视预警。海啸威力巨大，不要心存侥幸，擅自到海边，一旦巨浪袭来，几无生还的机会。

　　逃生既是一种求生的技能,也是一门科学。如何科学地从各种自然、人为灾难中顺利逃生是各国科学家都在研究的课题。

　　逃生知识要普及,要有专人对单位、学校、社区等进行逃生教育。

　　正所谓"防患于未然",下面就让我们学习一下如何在海啸中逃生吧!

如果你看到或听到了海啸预警信号，或是感觉到较强的震动，应立刻采取行动，迅速远离海滩和江河的入海口。因为如果出现了这些征兆，海啸就有可能在几分钟内来临！一定要及时采取行动！

　　即使你看到的是非常小的海啸，也要立刻离开。海啸的波浪会不断变大并持续撞击海岸，因此下一个巨浪也许就要接踵而来。通常来讲，如果你看到了一个巨大的海浪，说明你已经距离海啸太近，逃离的时间已经很有限了。

　　跑向内陆或者更高的地方。要尽可能跑向内陆，离海岸线越远越好。如果你的逃生时间有限或已身处险境，选择高大、坚固的建筑物并尽可能往高处爬，最好能够爬到屋顶。海边钢筋加固的高层大楼如酒店是躲避海啸的一个安全场所。不要选择低矮的房子或者建筑材料对海啸没有抵抗力的建筑物。岛屿链、深度浅的海岸和红树林可以分散和减弱海啸，但是无法抵挡非常强劲的海浪。

　　逃生时，应该果断放弃随身物品。你的生命比你的日常用品、玩具、书籍或其他物品更重要，携带它们会缩短你的逃生时间，应果断扔下它们并努力跑到安全的地方。

如果你已被困，上述所有选择你都没有办法施行，那就寻找粗壮、高大的树并尽可能往高处爬。当然会存在树被海啸摧倒的风险，但这是所有办法都不起作用时唯一的求生路径。

　　在浪头袭来的时候，要屏住一口气，尽量抓牢周围一切可以抓牢的物体（人是跑不过海浪的），不要被海浪卷走，等海浪退去后，再向高处转移。

　　巨浪的冲击力巨大，而且能量惊人，海浪打在人身上会产生剧痛，一定要强忍，不能松手，一旦松手，就会被海浪迅速卷走。

万一不幸被海浪卷入海中，需要做的还是冷静，要尽量放松，努力使自己漂浮在海面，因为海水的浮力较大，人一般都可以浮起来。

在海上漂浮，要尽量使自己的鼻子露在水面或者改用嘴呼吸，以免呛水。

　　不幸被卷入海水中，千万不要慌乱，要坚信自己一定能够活下去，同时尽量用手向四处抓，最好能抓住漂浮物，例如救生圈、门板、树枝或船板等，但不要乱挣扎，以免浪费体力。

　　能够漂浮在水面上后，要马上向岸边移动。海洋一望无际，该如何判断哪边靠近岸边呢？我们应该观察漂浮物，漂浮物越密集就代表离岸边越近，漂浮物越稀疏说明离岸边越远。

海啸可以持续撞击海岸达数小时，因此危险不会很快过去。除非你从应急服务机构得到了确定的消息，否则不要返回海边。在没有得到确切消息前要耐心等待。

切记：不要因为风浪减小而贸然跑到海边看热闹，巨浪随时有可能再次袭来。

保持与外界的联系。如果在你避难的地方有电视机、收音机,打开它并不断接收最新信息,时刻保持与外界的联系。

灾难面前,不要制造、传播、轻信谣言,避免引起人为恐慌、动荡,造成新的伤害。

切记:在室内避难应远离窗户。

发生海啸时,航行在海上的船只不可以回港或靠岸,因为海啸在海港中造成的落差和湍流非常危险。应该马上驶向远海区,远海区相对于海岸更为安全。

　　如果船只停留在海港，而且没有时间开出海港，那么所有人都要撤离停泊在海港里的船只。

　　灾难面前，逃生第一，不要贪恋财物、心存侥幸而错失逃生的时间。

海啸防范与互救

　　人，作为自然的一员，有生存的权利；人，作为社会的一员，有自身的义务。一个人对别人有所帮助时才能体现自身的价值。灾难面前，提倡人与人之间的互救，这样能在极大程度上减轻人员伤亡。志愿者在进入灾区前，首先要衡量自己是否具有自我逃生和互救的本领，因为救灾不是一时热情，参与者要具备救灾常识，有正规培训的经历，才能满足科学救灾的需求。

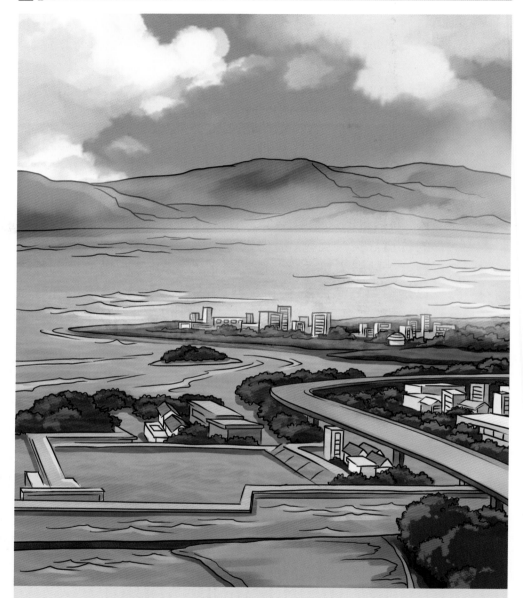

　　前面，我们介绍了海啸的种种逃生自救方法，做到了这些，你就有很大的生还可能。当然，除了在海啸到来时掌握逃生技巧外，生活在海岸边的人们也要在日常生活中做好一些防备海啸的措施。这部分我们主要介绍海啸的防范和互救知识。

如果你居住在具有海啸风险的区域，做好日常防御准备是非常重要的。应对海啸日常防备措施：

（1）**准备一个急救包**：里面要包括足够支撑 3 天的食物、水、急救药物这些必备品。把它放在明显的、所有人都知道且发生紧急情况时可以随手拿到的地方。另外，急救包最好人手一个，这适用于海啸、地震和一切突发灾害的日常防御准备。

　　（2）**制订一个紧急疏散计划**：制订紧急疏散计划的时候要考虑所在地区的周围环境，记录下逃生时可以前往的安全地方，特别是步行不超过 15 分钟的地方。逃生路线尽量多样化，以防灾害阻断逃生路线。

（3）定期进行海啸撤离演练：通过实战演习，熟练掌握海啸发生时的逃生方法。

防灾避灾不是一纸文书，也不是行政命令，重在具体落实。定期组织演练能够避免纸上谈兵，让参与者通过实际操作，主动学习逃生救灾技能。

（4）**牢记预警信号**：通过宣传册或者逃生课程熟知应急服务机构的各种报警电话。

海啸预警信号知识的普及应该从娃娃抓起，让他们懂得如何利用公共资源帮助自己和他人。

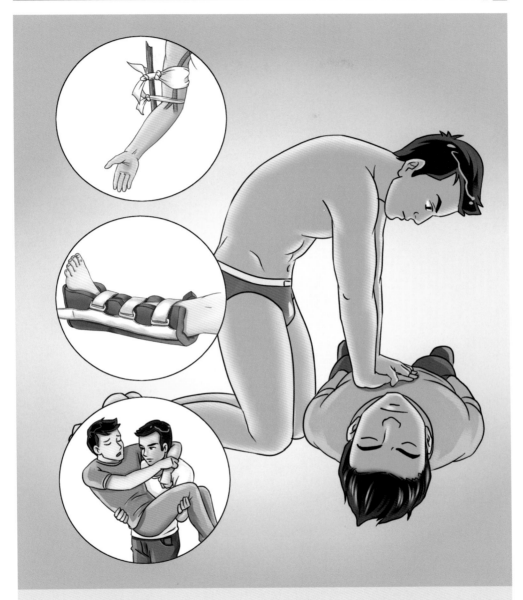

（5）**急救护理知识**：海啸中自己以及其他很多人都可能受伤，因此应该掌握最基本的急救护理知识，在救护车到来前，确保生命不因缺乏急救常识而逝去。

单位、学校、社区要普及常见的医学急救知识，例如止血、搬运伤员、心肺复苏等。

　　远海海底地震引发的海啸让人有足够的时间撤离到高处，而人类有震感的近海地震往往只留给人们几分钟时间疏散。

　　所幸的是，我国近海不是地震多发区域，但仍须注意未来一些防不胜防的灾难。另外，海啸也让一些人对于海景房的安全产生担忧，沿海城市建设也要高瞻远瞩，防灾重于救灾。

　　对于学校,当海啸警报响起时,学生应该听从老师和学校管理人员的指示行动。

　　学校属于人群高度聚集的场所,避灾逃灾时要做好组织工作,平时要加强踩踏事件的逃生演习,避免踩踏事件的发生。

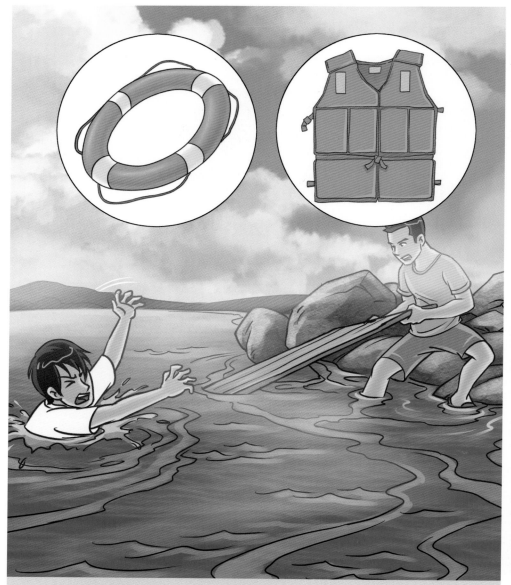

◉ 不幸落水时
（1）尽量抓住木板等漂浮物，避免与其他硬物碰撞。
（2）不要举手，不要乱挣扎，尽量不要游泳，能浮在海面即可。
（3）海水温度偏低时，不要脱衣服。
（4）不要喝海水。
（5）尽可能向其他落水者靠拢，积极互助、相互鼓励，尽力使自己易于被救援者发现。

◉ **海啸发生时**
接到海啸警报后，应立即切断电源、关闭燃气。

　　当海啸警报响起时，请召集所有家庭成员一起撤离到安全区域，同时听从当地救灾部门的指示。

　　切记：不要因为贪恋财物而错失逃生时机。家有老弱病残人士更要提前做好逃生准备。

⊙ 抢救溺水者

（1）如果溺水者被救后呼吸、心跳均正常，则应：①将溺水者除头部外的身体放入温度适宜的水里恢复体温，或为其披上被、毯、大衣等保温，不要局部加温或按摩；②给溺水者适当喝些糖水，但不要让溺水者饮酒；③如果溺水者受伤，立即采取止血、包扎、固定等急救措施，重伤者要及时送往医院救治。

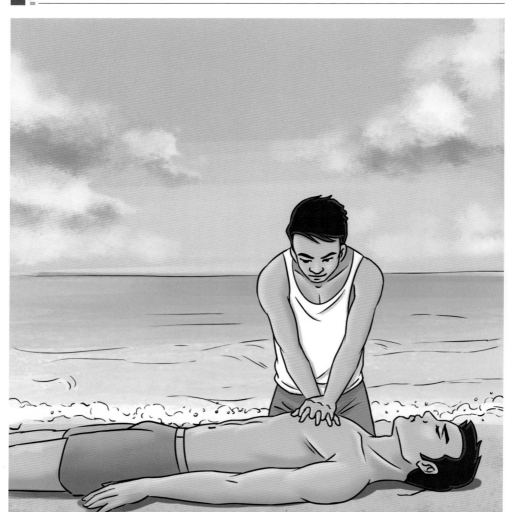

（2）如果溺水者被救后呼吸、心跳停止，则应：①及时清除溺水者鼻腔、口腔的吸入物，开放气道；②立即进行心肺复苏，直到溺水者呼吸、心跳恢复或医务人员到来。

◉ **灾后处理**

一个完备的逃生计划还应该包括灾后处理。当海啸平息后，周围到处都是被摧毁的建筑物、残骸，甚至尸体。水和食物的供应都可能是问题。疾病、悲痛、伤害及饥渴随之而来，危险还远没有过去。政府和相关机构应该建立完备的灾后处理系统，灾后的处理需要政府、相关机构、个人共同努力。

　　认真学习海啸形成和征兆的相关知识，并教给你的亲朋好友。切记，这是救命的知识！

　　我们每个人都希望平安度过一生，但灾难往往不期而至，因此，要时刻准备好应对灾难的发生。